U0035903

玩髮 47 變

圖解 韓式編髮技巧

美麗達人
王曉芬 著

ENGENDERING

人文的 · 健康的 · DIY的
腳丫文化

Preface

3～5分鐘
快速變換漂亮髮型

　　隨著日雜、韓劇的盛行，不少美人兒玩起了編織頭髮的遊戲，時而繁複、時而簡單，或優雅、或隨性，為低調的日常生活帶來幾許繽紛活力。

　　這幾年隨性、混搭、民俗風成為時尚關鍵字，將頭髮隨意編織、刻意刮鬆，反而凸顯整體造型的獨特性。不論是以調皮麻花來展現隨意個性風，或是編織俐落的蜈蚣辮打造純潔優雅的氣質，抑或將英系華麗的維多利亞風與輕甜日系「混搭」，讓典雅卻帶著俏皮的可愛感，使風格對比卻不衝突。從大麻花到細如魚骨的辮子繞著頭型盤起，都能讓你從清新脫俗中，帶點神祕氛圍。

　　如果要營造頭髮的蓬鬆感，在編髮前可以利用玉米夾或電燙棒等工具。玉米夾可以使用在頭髮的根部，電燙棒將頭髮燙捲則可以增加頭髮的厚實感，做造型上就會比較容易上手。其次，在編髮造型時，利用將髮頂拉高的蓬鬆感，在視覺上就能打造小臉的效果，若瀏海部分利用三股編編起，則帶些許的復古感，但再

利用後頭部的頭髮以側綁的方式就能創造可愛的年輕氣息。另外，辮子的位置也將影響臉部輪廓，圓臉、腮幫子較大的人，可從耳下開始編，將上方的頭髮保持膨鬆，在視覺上有拉長臉型的效果。若從兩耳處開始編，則呈現較年輕、可愛的感覺。

　　好的髮型，不但可以修飾臉型，更是好氣質的第一印象。不論是長髮、中髮或短髮，或是上課、工作、休閒、浪漫約會、時尚聚會及正式場合，其實只要利用雙手、梳子、吹風機、電棒等手邊工具以及街頭流行的漂亮髮飾，就能隨著每天心情與各種場合，在短短的 3～5 分鐘裡快速變換出多種漂亮髮型。

Contents

PART 2 手殘女一分鐘 編髮入門

別再為了每天出門的髮型苦惱了！
就算妳的手不巧也沒關係，
只要簡單的扭一扭、捲一捲，
看！是不是馬上就幫自己打造一個最亮麗的造型了呢？！

Contents

PART 4 Camera Face 超上鏡頭！打造小顏髮型

髮型除了時髦，最重要的還是要能修飾臉型！
自拍美少女們為了上鏡頭可以變小顏美女，總是拿著 45 度角拍攝，
其實只要透過不同整髮與髮飾搭配，
就能讓我們打造出最上鏡頭的小顏髮型呢！

PART 5 戀愛魔鏡！請給我招來好桃花的髮型

想要優雅、俏皮、可愛…多種不同樣貌，
只需要利用各式各樣的髮飾與髮夾，
加上最常見的公主頭、馬尾頭、丸子頭，
簡單的編髮就能夠創造華麗又充滿個性的多變造型。

Basic of
self-styling

從必備知識
開始學習吧!

PART

1

自己編髮難不難？要怎麼吹整 頭髮才會順？

髮型和衣服應該搭什麼髮飾才速配？

洗頭髮怎麼洗才不會分叉又乾燥？

從基礎編髮到現在最 HITO 的髮妝品，在這一個章節通通告訴你。

TOOL/ 工具篇

尖尾梳

分有軟式與硬式兩種。

1. 軟式尖尾梳：適用於冷燙過的捲髮，編髮時的輔助工具。
2. 硬式尖尾梳：適用於美髮電器燙髮時，做隔熱與梳髮片時使用尖尾梳的尾端可深入刮蓬後的髮根加強定型效果。

逆刮梳

以長短交錯而成的梳子，讓倒刮頭髮更輕鬆，造型的必備品，能創造出蓬鬆感較為密集的髮量

★小技巧：
1. 從頂部開始，每次挑起薄薄一搓頭髮並梳順。
2. 由髮尾往髮根方向刮， 梳子不用貼頭髮太近， 往髮根方向推即可。
3. 需要蓬一點的部份，就多刮幾下。

鐵釘梳

用於長髮平時的梳理，也可以輔助梳開逆刮後的頭髮。

工具篇

基礎技巧

頭髮的基礎保養學

編髮上使用的工具很多，以梳子為主，不過依照功能和材質有尖尾梳、鬃毛梳和鐵梳、木梳等，可以依照每個人的習慣去選擇適合的梳子。髮飾除了美觀，也有固定的功用，適當的選擇也能幫髮型增色不少。

圓梳

分有大、中、小圓梳，主要用於吹捲及波浪造型使用。圓梳大小決定於髮長及捲度，有鬃毛與尼龍毛。鬃毛圓梳利於吹整毛燥無彈性髮質。

★小技巧：

1. 先取一束頭髮，將髮梳直接插入頭髮尾端，並將髮尾纏繞至梳子上。
2. 將捲髮梳直接往內捲起，內捲和外捲可創造不同感覺的捲度。
3. 用吹風機加溫約 10 秒，讓捲度稍微固定。

鬃毛梳

能促進頭皮及髮根新陳代謝的髮梳。主要材質分成豬鬃與尼龍刷毛，豬鬃不易引起靜電反應，能輕柔地按摩頭皮，達到促進血液循環的作用；尼龍刷毛能幫助梳理過的頭髮更加柔順，藉以減輕頭髮的負擔。

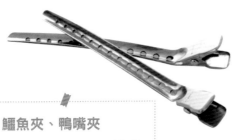

小黑夾

　　能夾住短碎髮、固定髮型、讓頭髮較服貼，雖然固定的線條感與層次感不強，但卻是編髮的必備工具。

★使用小訣竅：夾進的髮量不能太多，而且要夾到髮根處，才能牢牢的固定髮型。

大 U 型夾

能固定髮量、創造出層次感，適合包頭式髮型使用。

波浪 U 型夾

固定大量頭髮，創造蓬鬆、層次感。

極細 U 型夾

精緻、自由調整高，不易生鏽，開口角度易調整。

★使用小訣竅：將 U 型夾或波浪 U 型夾插入包頭內的頭髮，再往垂直方向翻轉，勾住靠近頭皮的頭髮，再插入包頭裡。

鱷魚夾、鴨嘴夾

　　分區或固定頭髮使用，能輔助吹整造型。

橡皮筋、髮圈

　　基本的橡皮筋可用來分區或固定頭髮使用，能輔助造型設計與固定髮型。而造型用的髮圈除了固定髮型，也有裝飾效果。

髮夾

　　髮夾的款式很多，
不管是公主款蝴蝶結、
華麗款羽毛或是各種風
格的髮夾，都可以用來
固定髮型，也讓整體造
型更有變化。

工具篇

基礎技巧

頭髮的基礎保養學

髮箍

　　髮箍在編髮或是包頭的運用上
都非常好用，不但是具有裝飾的作
用，讓平凡無奇的髮色有了漂亮的
點綴，也能把前面瀏海有細小胎毛
的髮絲往上做的修整，也省去塗抹
一大堆定型用的造型品。

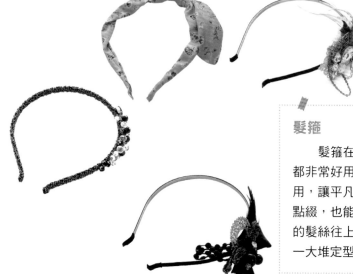

吹風機

　　吹風機吹出來的風，是攜帶提高動能的空氣分子，在碰撞微小水珠表面的水分子的過程中轉移動能，使之打斷水分子之間的氫鍵，脫離原本附著的表面，頭髮因而變乾。如吹出的是熱風，其能量更能提高空氣分子與水分子震盪與碰撞的能量，並加速蒸發，增加乾燥的效率。

離子夾

　　離子夾利用不同的溫度經過高溫來塑造筆直柔順的直髮。主要原理為透過電力加熱兩片面板，並以手動方式逐一分次夾取適當髮量，藉由高溫面板使捲曲毛髮變得直順。其原理類似熨斗燙衣服，離子夾可將不規則或捲曲髮燙平，過程中因順向滑動熱，可彙整毛鱗片使其閉合，故適當使用離子夾可使原本捲曲頭髮變得光亮直順。

常見的離子夾規格：一般、圓弧、寬版、窄板

★如何挑選離子夾：

1. 離子夾面板材質：常見的材質有陶瓷、鈦合金、奈米鈦。
2. 開機預熱速度：好的離子夾能在開機一分鐘內就到達可燙溫度。
3. 溫度快速回溫：不管是燙直或造型都需要快速成型，因此若受限於電棒回溫過慢，導致順滑夾下髮根、髮片、髮尾三區的溫度不同，就會無法達到理想直感或捲度。
4. 面版密合度：影響密合度因素：手把設計，可分為彈簧夾式(密合度因彈簧部位不同)，手握夾式(使用者可自行施壓密合度)。
5. 可否調溫度：針對不同部位調節溫度，例如髮尾，不需用太高的溫度。

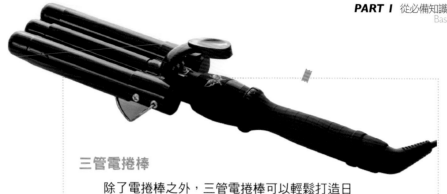

三管電捲棒

　　除了電捲棒之外，三管電捲棒可以輕鬆打造日韓最流行的泡麵頭，能隨意變化出各種造型，雖然使用比較方便，但比起電棒要花更久的時間喔。

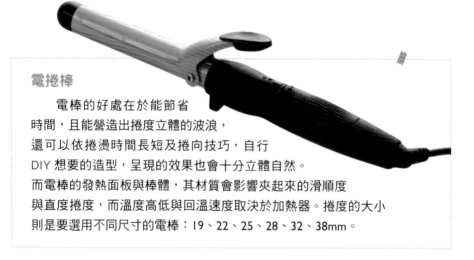

電捲棒

　　電棒的好處在於能節省
時間，且能營造出捲度立體的波浪，
還可以依捲燙時間長短及捲向技巧，自行
DIY 想要的造型，呈現的效果也會十分立體自然。
而電棒的發熱面板與棒體，其材質會影響夾起來的滑順度
與直度捲度，而溫度高低與回溫速度取決於加熱器。捲度的大小
則是要選用不同尺寸的電棒：19、22、25、28、32、38mm。

★ 如何挑選電棒 ★

1. 電棒面板材質：常見的材質有陶瓷、鈦合金、奈米鈦。
2. 開機預熱速度：好的電棒能在開機一分鐘內就到達可燙溫度。
3. 溫度快速回溫：燙捲波浪需要快速成型，所以需要有快速回溫的特性。
4. 溫度高低：因為電棒屬於熱操作，其作用在於改變氫鍵的物理特性，溫度越高作用
   力越強。改變氫鍵溫度至少要有 125 度。因此不建議選擇只有 ON/OFF 的電棒。

★ P O I N T ★

 可產生負離子，避免髮質受損產生毛燥　　 回溫速度快　　 有負離子、回溫也快。

頭皮保濕水

　　頭皮除了清潔外，更要保溼。一般正常皮膚角質層含水量約在 20~35% 左右，當角質層含水量低於 10% 時，頭皮的柔軟度就會下降、頭皮會乾燥緊繃，角質細胞無法正常代謝，產生角質增厚及脫屑現象，就是大家熟知的頭皮屑。保濕水主要可以維持頭皮角質層正常含水量，挑選頭皮保濕水時，要慎選不含酒精的產品，以免過度刺激脆弱頭皮。

保濕髮妝水

　　不需沖水的噴霧式保濕髮妝水，其實就像肌膚的化妝水一樣，使用簡單、攜帶方便，可以讓頭髮不糾結、降低毛躁感，更增添頭髮的強韌度、保護髮色，幫助後續造型品達到更佳塑型力，適合出門前或頭髮糾結乾澀時隨時使用。

護髮精華液

　　濕髮或乾髮都可以使用，給予分叉的頭髮最溫柔的保護，使用上具有滋潤的效果，可維持頭髮表面平順且使質地柔軟，讓蓬亂的頭髮恢復柔順，是集中修護型的產品。

髮蠟

　　吹整後使用於造型時，推出髮型的油亮感，擦上去不會讓頭髮變硬。不建議用於濕髮上，以免粘塌。

定型液

　　吹、整髮完成後的定型作用。定型液較有強力定型效果，感覺生硬，而霧狀定型力較柔和。

泡沫膠、泡沫慕絲

　　捲髮：波浪型烘乾定型前使用。有粘度硬式泡沫：適用於烘乾造型前或後用。無粘度軟式泡沫：適用吹髮造型時使用。

髮香噴霧

　　讓頭髮持續散發浪漫果香，隨時都像剛洗好頭髮一樣。

護髮油、護髮乳與護髮膜

　　護髮油黏度高，可以讓髮絲有光澤，產生一層保護膜，適合無光澤、髮尾毛燥、容易打結的受損髮使用，濕髮時塗抹在髮尾最剛好，但切記不要塗抹到頭皮，否則容易讓頭皮出油。護髮乳與護髮膜都是在洗髮後頭髮仍濕潤狀態下使用，可保濕頭髮。

工具篇

基礎技巧

頭髮的基礎保養學

BASIC/ 基礎編髮

雙股扭轉教學 | 照片示範

STEP 1	STEP 2	STEP 3	STEP 4

將頭髮分成 A、B 二等份。	將 A 壓在 B 的上面，讓 A 和 B 變成 X 形狀。	再將 B 壓在 A 的上面。	重複步驟 2～3，頭髮仍然會保持二股。

雙股扭轉教學 | 彩線示範

STEP 1	STEP 2	STEP 3	STEP 4
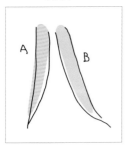			
將頭髮分成 A、B 二等份。	將 A 壓在 B 的上面，讓 A 和 B 變成 X 形狀。	再將 B 壓在 A 的上面。	重複步驟 2～3，頭髮仍然會保持二股。

吹、梳、燙、拉、綁、刮，是最基礎的技巧。只要學會了，妳就可以輕鬆搞定妳的髮型。辮子是從古自今都不退的流行！無論是單一的三股辮，或是只有小辮子點綴，只要加了辮子，髮型馬上變得華麗！

工具篇

基礎技巧

頭髮的基礎保養學

雙股加編教學 | 照片示範

STEP 1

先取出一部份頭髮，分成A、B二等份。

STEP 2

將A壓在B的上面，讓A和B變成X形狀。

STEP 3

取同樣髮量的右邊頭髮C，將C壓在A上面，與B合併，此時就會變成一束C+B。

STEP 4
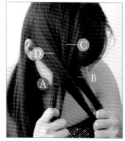
取同樣髮量的左邊頭髮D，與D壓在C+B上面，與A合併，此時就會變成一束D+A。

STEP 5

重覆這些步驟就能更熟悉二股加編的魚骨辮編髮囉！

雙股加編教學 | 彩線示範

STEP 1
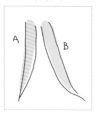
先取出一部份頭髮，分成A、B二等份。

STEP 2

將A壓在B的上面，讓A和B變成X形狀。

STEP 3
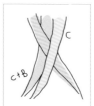
取同樣髮量的右邊頭髮C，將C壓在A上面，與B合併，此時就會變成一束C+B。

STEP 4
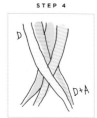
取同樣髮量的左邊頭髮D，與D壓在C+B上面，與A合併，此時就會變成一束D+A。

 MEMO
1. 其實二股加編只是將二邊的頭髮一束束加入中間的頭髮，並輪流交換位置。
2. 只要記得是將兩邊新增的頭髮，都只會移動到上方就對囉！

三股辮正編教學 | 照片示範

STEP 1

將頭髮分成 A、B、C
三等份。

STEP 2

將 A 壓在 B 的上面，讓 A 和
B 變成 X 形狀。

STEP 3

再將 C 移到中間，壓在 A 的
上面。

STEP 4

再將 B 移到中間，壓在
C 的上面。

STEP 5

重複步驟 2～4，頭髮仍然會
保持三股！

MEMO

1. 其實三股辮只是將二邊的頭髮與中間的頭
   髮輪流交換位置。
2. 只要記得是將兩邊的頭髮不停的**壓在中間**
   頭髮的**上面**就對囉！

三股辮正編教學 | 彩線示範

STEP 1

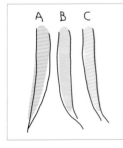

將頭髮分成 A、B、C
三等份。

STEP 2

將 A 壓在 B 的上面，讓 A 和
B 變成 X 形狀。

STEP 3

再將 C 移到中間，壓在 A 的
上面。

STEP 4

再將 B 移到中間，壓在 C 的
上面。

三股辮反編教學 | 照片示範

STEP 1

將頭髮分成 A、B、C
三等份。

STEP 2

將 A 放在 B 的下面，讓 A 和
B 變成 X 形狀。

STEP 3

再將 C 移到 A 的下面。

STEP 4

將 B 放在 C 的下面。

STEP 5

重複步驟 2～4，頭髮仍然會
保持三股！

1. 其實三股辮反編只是將二邊的頭髮與中間
   的頭髮輪流交換位置
2. 只要記得是將兩邊的頭髮不停的**壓在中間**
   的頭髮的**下面**就對囉！

三股辮反編教學 | 彩線示範

STEP 1

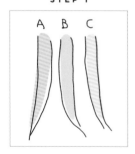

將頭髮分成 A、B、C 三
等份。

STEP 2

將 A 放在 B 的下面，讓 A 和
B 變成 X 形狀。

STEP 3

再將 C 移到 A 的下面。

STEP 4

將 B 放在 C 的下面。

工具篇

基礎技巧

頭髮的基礎保養學

三股加雙辮 | 多股辮教學

STEP 1

將頭髮分成 A、B、C 三等份。

STEP 2

將 A 壓在 B 的上面，讓 A 和 B 變成 X 形狀。

STEP 3

再將 C 移到中間，壓在 A 的上面。

STEP 4

取同樣髮量的左邊頭髮 D，將 D 壓在 C 上面，與中間的 B 合併，此時就會變成一束 D+B。

STEP 5

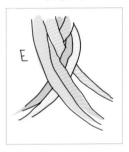

將 A 壓在 D+B 的上面，再取同樣髮量的右邊頭髮 E，將 E 壓在 A 上面，與中間的 A 合併，此時就會變成一束 E+A。

STEP 6

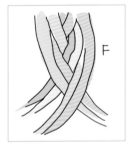

將 C 壓在 E+A 的上面，取同樣髮量的右邊頭髮 F，將 F 壓在 C 上面，與中間的 C 合併，此時就會變成一束 F+C。

STEP 7

取同樣髮量的左邊頭髮 G，將 G 壓在 F 上面，再與 DB 合併，此時就會變成一束 G+DB。

STEP 8

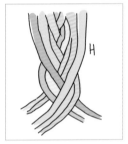

取同樣髮量的左邊頭髮 H，將 H 壓在 G 上面，再與 EA 合併，此時就會變成一束 H+EA。

STEP 9

重覆這些步驟就能更熟悉三股加編的多股辮編髮囉！繼續編下去會發現沒有頭髮可以增加了，此時就用三股辮編到最後收尾即可。

三股加單辮教學

STEP 1

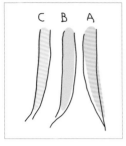

將頭髮分成 A、B、C
三等份。

STEP 2

將 A 壓在 B 的上面，讓 A
和 B 變成 X 形狀。

STEP 3

再將 C 移到中間，壓在 A
的上面。

STEP 4

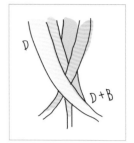

取同樣髮量的左邊頭髮 D，
將 D 壓 在 C 上面，與 B
合併，此時就會變成一束
D+B。

STEP 5

將 A 壓 在 D+B 的 上
面。

STEP 6

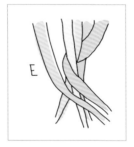

取同樣髮量的右邊頭髮 E，
將 E 壓在 D+B 上面，與 A
合併，此時就會變成一束
E+A。

STEP 7

重覆這些步驟
就能更熟悉三
股加編的編髮
囉！繼續編下
去會發現沒有
頭髮可以增加
了，此時就用三
股辮編到最後
收尾即可。

工具篇

基礎技巧

頭髮的基礎保養學

1. 其實三股辮加編只是將二邊的頭髮一束束加入中間的頭髮，並輪流交換位置
2. 只要記得是將兩邊新取出的頭髮不停的壓在中間的頭髮上就對囉！

BASIC/ 基礎技巧

如何將頭髮吹的又直又亮？

① 八分乾讓整髮快又容易

在進行整髮前，應先用手指深入髮根左右撥動來吹乾頭皮，而非撥動髮尾的方式亂吹，這樣會讓頭髮變毛燥。將髮絲保留八分乾的程度再進行吹整，可以讓整髮效果快又好。

② 吹髮方向影響造型成敗

吹風機由上往下是將頭髮吹順；由下往上則能吹蓬髮根和烘出捲度，直髮的人若想同時吹出蓬鬆髮根和柔順長髮，就要先針對髮根向上吹蓬，最後再向下吹順髮中到髮尾。

③ 「先熱吹、再冷卻」是定型關鍵

不論是以梳子或烘罩吹整任何定型動作，都要等髮束冷卻或改用冷風吹涼後再把頭髮放下，這樣定型效果才會明顯，髮型也能更持久，否則濕熱氣會讓髮型支撐度變差。

④ 專業工具輕鬆打造專業級髮型

不論任何髮型都需要準備一把圓梳方便造型，直髮適合豬鬃材質，捲髮適合塑膠材質，而捲度愈捲、頭髮愈短要選直徑較小的圓梳，反之則挑選大直徑圓梳；而捲髮的人一定要準備烘罩，才能維持燙髮後的捲度。

不管是拉直、夾捲還是吹蓬，只要用一點技巧，就能讓頭髮更有型。
也能讓美美的髮型維持的更久喔！不管是約會或是正式場合都需要好
好的整理一下。

創造出棉花糖般的蓬鬆度

POINT 1
易亂翹的髮尾可以
靠熱風吹出內彎的
弧度。

POINT 2
頭頂是最容易扁塌
的部位，建議在瀏
海後方的上頭部位
置，以圓梳捲上適
量髮束，吹出蓬度。

POINT 3
左右二側吹蓬，可
以修飾較為扁塌的
頭型。

POINT 4
將瀏海全部捲在圓
梳上，再由上往下
吹出自然弧度。

利用離子夾塑造柔順的直髮

POINT 1
避免前髮位置
扁塌，所以先
分出、不拉直。

POINT 2

將剩下的頭髮
分出耳際兩
束、後頭部則
分成同等份三
束，共五區。

POINT 3

搭配直髮梳，由
上往下拉直，髮
尾切記勿停留。

用電棒捲打造充滿空氣感的自然捲髮

1 分區

想要捲出左右對稱的捲度，一開始的分區可是關鍵。

POINT 1

將頭頂分成瀏海區和頭後方二區。

POINT 2

將剩下的頭髮分出耳際兩束、後頭部則分成同等份三束，共五區。

2 打底

上電捲棒之前的打底工作可以避免頭髮受到熱傷害，也能讓捲度更立體持久。

可以依上捲的部位使用不同的產品，慕斯可以讓捲度更明顯持久，凝露可以讓髮尾更有光澤。

3 不同捲髮創造不同效果

平捲
捲出渾圓可愛的效果

STEP 1

將電捲棒與地面平行，取一束髮束，從髮根 1/3 處往髮尾拉滑。

STEP 2

電捲棒滑近髮尾時，再將電棒捲夾打開，改用手將髮束尾端往內繞一圈。

STEP 3

電捲棒往下拉至髮尾，並將髮尾也捲入，再將電捲棒平行往內捲約 5 秒後放開。

STEP 1　　　　STEP 2　　　　STEP 3

直捲
創造立體典雅的效果

先將電捲棒加熱，以距離髮根 1/3 處做為夾捲的固定點。

將尾端髮絲內捲於髮捲後，再移動髮捲並將髮束往內捲至髮根。

將電捲棒靠於耳後停止，不要碰觸到頭皮，用熱燙捲夾將髮捲固定。

STEP 1　　　　STEP 2　　　　STEP 3

外捲
捲出空氣感的蓬鬆度

反手拿電捲棒，並將髮束朝臉的反方向捲一圈夾住。

將電棒一直往外捲將髮束捲起，再移動髮捲並將髮束往外捲至髮根。

將電捲棒靠於耳後停止，不要碰觸到頭皮，用熱燙捲夾將髮捲固定。

用三管電捲棒變化出流行的泡麵頭

STEP 1　　　　STEP 2

將頭頂分成瀏海區和頭後方二區。

將剩下的頭髮分出耳際兩束、後頭部則分成同等份三束，共五區。

從髮根、髮中、髮尾分區一一做出波浪燙即可。

POINT

有些人在頭髮分線處容易掉髮，就容易讓頭頂顯得扁塌，除建議經常變換分線位置外，亦可運用波浪髮夾燙出玉米鬚的波浪弧度，為頭頂增加髮量。

BASIC/ 頭髮的基礎保養學

健康洗髮 10 步驟

1	梳開頭髮	將頭髮梳順，也梳掉灰塵、梳開糾結。
2	清水沖洗	以溫水沖濕頭髮，沖掉頭髮表面髒污、髮蠟、髮膠、定型液。
3	手掌起泡	將洗髮精先在手上打出泡沫再抹在頭髮上，以避免使用過量的洗髮精而造成頭皮刺激。
4	指腹清潔	將手掌上的泡沫放在頭上，以指腹進行鋸尺狀搓揉頭皮、並潔淨至髮尾。
5	溫水沖淨	以溫水徹底沖淨髮絲，包含髮際線和髮尾。
6	重複洗頭	第一次洗頭是清潔頭皮油污，第二次則是深層清潔與按摩。
7	潤髮護髮	頭髮受損較嚴重或容易糾結者，建議使用護髮素修護頭髮後，再以潤絲產品進行柔順調理。
8	壓乾頭髮	以毛巾輕輕壓乾頭髮，切忌用力摩擦搓揉，造成頭髮受損。
9	加強防護	在將頭髮吹乾前，可以先塗抹免沖洗式的護髮產品，降低熱風對頭髮的傷害。
10	吹乾頭髮	頭髮吹乾時必需先吹乾髮根頭皮，再往髮梢吹至 8 分乾即可。

想要擁有一頭健康的秀髮，除了選擇適合自己髮質的洗髮精之外，正確的洗頭方法也十分重要！但你的洗髮程序，是否只著重於髮絲清潔而忽略了頭皮潔淨呢？事實上，頭髮乾淨可不等於頭皮乾淨，因為錯誤的洗髮步驟與產品有可能造成頭皮過敏、異常落髮、毛囊發炎、頭皮癢、頭皮屑、油脂分泌旺盛等超惱人困擾呢！

工具篇

基礎技巧

頭髮的基礎保養學

★ P O I N T ★

頭髮和頭皮潮濕的時候，頭皮毛孔會張開，髮幹也較脆弱，如果沒有要進行其他護髮步驟，洗完頭就要用毛巾把頭髮輕輕壓乾，但不能過度搓揉，以免破壞頭髮毛麟片，另外，用吹風機把頭皮吹乾，頭髮以 8 分乾的狀態最佳，避免髮幹過度毛燥喔。

NG 1

以指尖、指甲抓頭皮，有可能造成頭皮發炎，更不宜用梳齒末端磨刮頭皮，除了會損傷頭皮外，也會使頭髮更容易打結。

NG 2

避免將洗髮精直接倒在頭上，因為一般洗髮精的去脂力較強，而過量的洗髮精會增加刺激性，進而造成頭皮的敏感。

NG 3

油性髮質千萬不要用較熱的水來洗頭，因為過熱的水會灼傷頭皮及傷害髮質，更會加速頭皮為產生保護作用而分泌更多的油脂。

Become a beauty just
need one minute.

手殘女
一分鐘編髮入門

PART

2

別再為了每天出門的髮型苦惱了！
就算妳的手不巧也沒關係，
只要簡單的扭一扭、捲一捲，
看！是不是馬上就幫自己打造一個最亮麗的造型了呢？！

Hair ★ Long ★ Medium ☆ Short
Level ☆ High ☆ Middle ★ Low
Time 1min.

單股
扭轉篇

✕

婉約的簡單盤髮

利用單股扭轉技巧,簡單側收長捲髮,讓簡單的盤髮造
型也能呈現婉約優雅的氣息。

fashion styles

Step by step

1 先選一邊,將所有頭髮進
行單股扭轉。

2 將髮束以順時針方向往上
繞。

3 尾端以髮夾或髮飾固定
即完成。

★ STYLING ITEMS ★

小黑夾

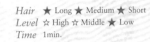

Hair ★ Long ★ Medium ★ Short
Level ☆ High ☆ Middle ★ Low
Time 1min.

單股
扭轉篇

清爽的前瀏海

只要簡單的單股扭轉技巧，就能創造不一樣的立體瀏海，
就這樣去參加相親趴吧！

fashion styles

Step by step

1 取出一束前瀏海，前端集中在一起。

2 將髮束進行單股扭轉。

3 將扭轉的頭髮放在眉尾處。

4 尾端以髮夾或髮飾固定。

5 最後以電棒夾捲髮尾即可。

★ STYLING ITEMS ★

小黑夾

電棒

Hair ★ Long ★ Medium ★ Short
Level ☆ High ☆ Middle ★ Low
Time 1min.

俏麗雙股扭轉瀏海

雙股
扭轉篇

把瀏海的髮束雙股扭轉,就能輕鬆打造出俏麗的造型,
這髮型上班和約會都很適合喔。

fashion styles

Step by step

★ STYLING ITEMS ★

橡皮筋

小黑夾

1 先將前額區分側分,
取出二束頭髮。

2 分別將兩區的髮束單股轉,再將兩束頭髮以兩股編方式扭轉。

3 編到眉尾處,再利用
橡皮筋固定。

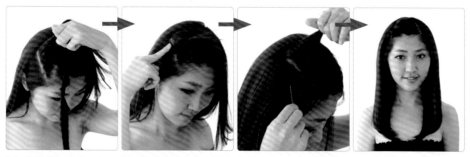

4 再將後區分出一區,將兩股邊放置在大區塊的地方,以髮夾固定,再將
頭髮放下、遮住髮夾固定的地方即可完成。

Hair ★ Long ★ Medium ★ Short
Level ☆ High ☆ Middle ★ Low
Time 1min.

三股
編髮篇

三股編立體瀏海小花

把瀏海編成三股編，變成一朵小花，讓明星般的立體臉
型線條更出色。

fashion styles

Step by step

1 取出中間的髮束。

2 將髮束以三股編方式編髮。

3 編到 1/3 處再以橡皮
筋固定

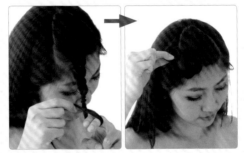

4 將辮子往上繞至分線處。

5 持續將辮子繞成小花，再以髮夾固定。

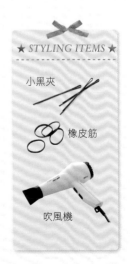

★ *STYLING ITEMS* ★

小黑夾

橡皮筋

吹風機

6 最後以吹風機將髮尾
吹彎即可。

Hair   ★ Long ★ Medium ★ Short
Level ☆ High ☆ Middle ★ Low
Time 1min.

三股
編髮篇

小心機編髮

只要運用簡單的三編髮，就能立刻創造出甜美可愛的髮型，是專屬於女孩的小小心機。

fashion styles

Step by step

1 從右邊或左邊分出
1 ~ 2 公分的髮束。

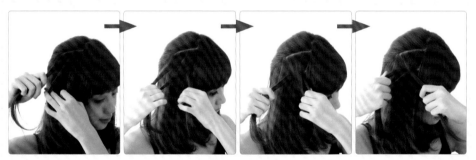

2 將髮片以三股編的方式編至髮尾。

3 編到沒有頭髮後，再以橡皮筋固定。

4 最後再以電棒將下方髮尾夾捲。

★ STYLING ITEMS ★

橡皮筋

小黑夾

電棒

41

Hair   ★ Long ★ Medium   Short
Level   ☆ High ☆ Middle   Low
Time   1min

42

三股
編髮篇 ✕

浪漫優雅三股瀏海

就算是睡太晚的早晨,也可以輕輕鬆鬆地將不聽話的亂
翹瀏海立刻收納整齊。

fashion styles

Step by step

1. 從前額的頭髮取出一束。

2. 編完兩個三股編後,開始以加雙編的方式編髮。

3. 加編到沒有髮束後,繼續以三股編的方式編成辮子,再以橡皮筋固定。

4. 辮子若不夠服貼,再以夾子協助固定。

★ STYLING ITEMS ★

橡皮筋

小黑夾

Hair ★ Long ★ Medium ☆ Short
Level ☆ High ★ Middle ☆ Low
Time 5min.

雙辮
編髮篇 ╳

甜美有型的通勤髮型

在捷運上怎麼比別的女生更出色？用簡單的雙辮子編
髮，讓妳在平常的通勤時光中，低調卻依然很有型。

fashion styles

Step by step

1 先在右邊，分出 1 ～
2 公分的髮片。

2 將髮片以三股編的方式編至髮尾。

3 編到沒有頭髮後，再
以橡皮筋固定。

4 在第一條辮子的前面，一樣
分出 1 ～ 2 公分的髮片。

5 一樣將髮片以三股編的方式編至髮尾後，再以橡皮筋固定。

6 在左邊對稱位置，分出 1～2 公分的髮片。

7 將髮片以三股編的方式編至髮尾。

★ STYLING ITEMS ★

小黑夾　　　　　　　橡皮筋

髮飾

8 編到沒有頭髮後，再以橡皮筋固定。

9 在左邊第一條辮子的前面，一樣分出 1～2 公分的髮片。

10 一樣將髮片以三股編的方式編至髮尾後，再以橡皮筋固定。

11 將左右二編各二條辮子都收到後頭部，以橡皮筋綁起固定。

12 再用手指將後頭部的頭髮澎度抓出來。

13 最後別上髮飾、將橡皮筋遮住即可。

立體
馬尾篇

×

魅力立體馬尾

在簡單的馬尾上多發揮一點巧思，
不僅能添幾分時尚魅力，更讓整體
造型優雅俏麗起來。

fashion styles

Step by step

1 將所有頭髮撥到一邊。

2 以橡皮筋固定後，用手指抓出頭型。

Hair　★ Long ★ Medium ☆ Short
Level　☆ High ☆ Middle ★ Low
Time　1min.

3 將橡皮筋上方的頭髮
中間撥開一個圓洞。

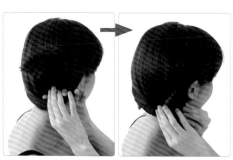

4 再將髮尾往圓洞裡面繞即可。

★ STYLING ★
ITEMS

橡皮筋

一週髮型篇
今天也要
與眾不同！

One week of hairstyle

PART

3

要上班的日子，畫上淡妝搭配新衣服，
但一頭亂髮讓妳顯得沒精神？
別著急，不管短髮、長髮還是中長髮，
每天都幫妳想好今日髮型囉！

造型滿分，短髮清爽俏女生
一週造型

誰說只有長髮最有女人味？簡單隨意的編髮或精心打造的短髮也可以很SEXY！一週髮型，讓短髮女孩也能擁有不同風情的打扮，每天只要 3-5 分鐘，妳就能閃亮出門。

Hair：□ Long ■ Medium ■ Short
Level：□ Hard □ Medium ■ Easy
Time：3min.

Short hair 短髮

夏天氣息的清爽瀏海

利用簡單的單股扭轉瀏海，搭配漂亮的髮飾，告別悶熱又厚重的瀏海，
輕鬆散發出甜美迷人的氣息，彷若夏天輕巧走來。

Step by step

1. 先將前額區分中分，抓出一
小區域的頭髮。

2. 作一股扭轉後再將頭髮往前推一點，利用小黑夾固定。

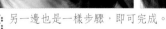

3. 另一邊也是一樣步驟，即可完成。

Styling Items 小黑夾、蝴蝶結髮夾

Hair：■ Long ■ Medium ■ Short
Level：□ Hard □ Medium ■ Easy
Time：3min.

TUESDAY
火曜日

Short hair 短髮

可愛到極限的丸子公主頭

如果只是抓起頭頂上的一撮頭髮就綁成公主頭，這樣是會有點太過拘謹
且古板。不如將丸子頭與公主頭結合吧！讓甜美可愛的味道濃烈到極致。

Step by step

Styling Items
小黑夾、橡皮筋

1 將左側 1/3 的頭髮進行三股加編。

2 將上半部的頭髮綁成公主頭，但是不要將髮尾拉出，
而是做成一個空心丸子。

3 將左側加編的辮子順著空心丸子繞成一圈，遮住橡皮
筋後以髮夾固定。

Hair： ☑ Long ☑ Medium ☐ Short
Level： ☐ Hard ☐ Medium ☑ Easy
Time： 5min.

WEDNESDAY
水曜日

Short hair 短髮

法式風情馬尾辮

側分的髮線看上去更能顯出成熟風情。這款馬尾辮不用扎得過高，中等高度剛剛好，簡單俐落就能提升女性魅力。

Step by step

1 右側拉出一束頭髮進行三股編後，以橡皮筋固定。

2 將剩下的頭髮綁成馬尾。

3 將辮子順著馬尾的橡皮筋繞圈，以髮夾固定。

4 另外，在馬尾處也可以加上髮飾。

Styling Items 小黑夾、橡皮筋、髮飾

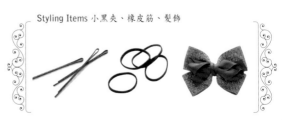

55

Hair：□ Long ■ Medium ■ Short
Level：□ Hard □ Medium ■ Easy
Time：5min.

THURSDAY
木曜日

Short hair 短髮

卡哇伊三股丸子頭

最忙最累的禮拜四，不想讓煩熱的天氣打壞心情，出門前簡單的拉出髮型層次，讓造型清甜可愛，這樣下午的開會也顯得更有精神。

Step by step

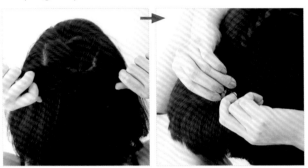

1. 由頭頂拉出一束頭髮進行三股編，完成辮子後綁上橡皮筋固定。

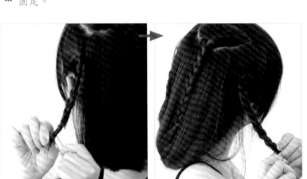

2. 再從左側及右側分別拉出一束頭髮，完成三股編。

Styling Items
小黑夾、橡皮筋、髮飾

3. 將編好的三束三股編，分別往上繞成圓圈，以髮夾固定，再配上髮飾即完成。

Hair：☐ Long ☐ Medium ☒ Short
Level：☐ Hard ☐ Medium ☒ Easy
Time：5min.

FRIDAY
金曜日

Short hair 短髮

超迷人短髮麻花辮

小周末的禮拜五，從髮線側邊隨意拉出一束頭髮進行三股編，瞬間提升迷人指數！這樣晚上下班後就可以直接去約會囉。

Step by step

1 先分一個 3 公分寬的長方型髮束，均分三等分，編約 1 公分長的三股編。

2 進行左右加編，編至髮尾。

3 將尾部的辮子進行抽絲。

4 抽絲完成後以定型液固定，並綁上橡皮筋。

5 將抽絲完成的辮子往耳上繞成丸子，將髮尾藏入頭髮中，再以髮夾固定。

Styling Items
小黑夾、橡皮筋、定型液

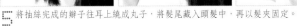

Hair：□ Long ■ Medium ■ Short
Level：□ Hard □ Medium ■ Easy
Time：3min.

SATURDAY
土曜日

Short hair 短髮

甜美的鄰家女孩風

把頭髮梳成兩球蓬蓬空氣感的可愛雙馬尾造型，充滿活力的蓬鬆線
條，擁有無造作的鄰家女孩氣質。今天，該去哪裡走走呢？

Step by step

1 把頭髮平均分成兩區，不用
刻意將線分得很直。

2 分別綁成雙馬尾、以橡皮筋固定。

3 再將髮尾刮蓬，夾上髮飾即完成。

Styling Items 橡皮筋、髮飾、逆刮梳

Hair：□ Long ☑ Medium ☑ Short
Level：□ Hard □ Medium ☑ Easy
Time：5min.

Short hair 短髮

活潑俏麗馬尾編髮

綁馬尾就是要活潑俏麗，綁的位置除了要夠高，也可以稍微側邊，
並夾雜小小的辮子在髮束中增加可愛感。悠閒的周日，就去散散步
拍拍照吧！

Step by step

Styling Items
小黑夾、橡皮筋

1. 右側拉出一束頭髮進行三股編後，以橡皮筋固定。

2. 左側拉出一束頭髮進行三股編後，以橡皮筋固定，將剩的
   頭髮綁成馬尾。

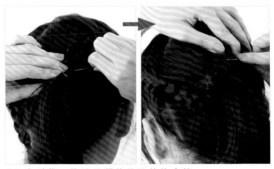

3. 將右邊的辮子放在馬尾的
   上方、左邊的辮子放在馬
   尾的下方。

4. 分別將二條辮子順著馬尾的橡皮筋，
   繞圈、以髮夾固定。

剛剛好的溫柔，中長髮百變靚女
一週造型

半長不短的中長髮其實是最常見的，不一樣的髮型就能透出不一樣的氣質，
透過簡單的編髮改變也能讓妳更與眾不同，吸引愛慕者的目光。

Hair： ■ Long ■ Medium □ Short

Level： □ Hard ■ Medium □ Easy

Time： 5min.

MONDAY
月曜日

Half-length hair 中長髮

波西米亞風雙辮子

甩開一成不變的雙辮子村姑頭，稍用三股加單編的手法呈現自然層次，
展現女孩兒的現代感。

Step by step

1 將頭髮中分，取一片髮束，以三股辮加單編的方式編髮。

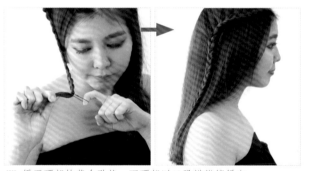

2 編至頭部的黃金點後，下頭部以三股辮繼續編完。

3 另一邊也是一樣重復
剛剛的動作即可。

達人
這樣說

要注意兩邊拿取的髮束
要等量，編起來的頭髮
才會平衡、對稱。

Styling Items 小黑夾

Hair： ■ Long ■ Medium □ Short
Level： □ Hard ■ Medium □ Easy
Time：5min.

TUESDAY
火曜日

Half-length hair 中長髮

優雅的立體公主頭

如果頭型不完美怎麼辦？試試這款蓬鬆感十足的公主頭吧！搭配略鬆的波浪，讓妳更添女人味。

1 將頭髮從耳朵上分成二個部分，上半部的頭髮都拉到右側綁成鬆鬆的馬尾，但記得馬尾不要拉出來，而是做成一個空心丸子。

2 將丸子由上往下捲，做出蓬度，凹下的交接處可以用小髮夾裝飾。

Styling Items 小黑夾、橡皮筋、電棒、髮飾

3 再將剩下的頭髮以電棒夾捲。

Hair：■ Long ■ Medium □ Short
Level：□ Hard ■ Medium □ Easy
Time：5min.

68

WEDNESDAY
水曜日

Half-length hair 中長髮

純真俏麗丸子頭

常覺得長髮造型總是一成不變嗎？這一款簡單又方便的丸子頭綁法，
只要搭配上可愛的髮箍，很簡單就能營造出甜美俏麗的形象。

1 先用橡皮圈，綁一個馬尾。

2 將馬尾套入橡皮圈後，抽出
1/2。

3 將多出來的髮尾，繞一圈後，
藏入橡皮圈中，再調整一下。

4 最後掉下來的頭髮，以小黑夾
隱藏固定，加上髮箍更顯可愛。

Styling Items 小黑夾、橡皮筋、髮箍

Hair：■ Long ■ Medium □ Short
Level：□ Hard □ Medium ■ Easy
Time：5min.

THURSDAY
木曜日

Half-length hair 中長髮

夏日感活潑俏馬尾

將頭髮扎成一球一球的的髮束，比起直髮馬尾，看上去更富立體感，動感的馬尾辮讓人看上去活力十足。

Step by step

1. 把全部頭髮綁成馬尾。

2. 第二條橡皮筋，要跟第一條橡皮筋，相隔約五隻手指頭。

3. 一手輕輕抓住髮尾，另一手輕推第二條橡皮筋。

4. 後面方法都一樣，依頭髮的長度決定，要使用多少間距。

Styling Items 彩色橡皮筋

71

Hair：■ Long ■ Medium □ Short
Level：□ Hard □ Medium ■ Easy
Time：5min.

FRIDAY
金曜日

Half-length hair 中長髮

浪漫風側綁辮子

跟波西米亞的浪漫感覺又有點不一樣，用雙辮子做成髮箍把前面頭髮束起來，提升可愛度，這樣打扮，約會一定大成功！

Step by step

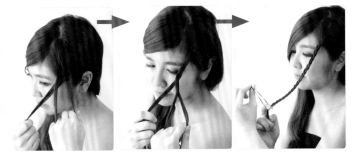

⠁ 將左側，靠近耳朵上方的頭髮分出一小束。

⠃ 進行小的三股正編，編到髮尾後使用橡皮筋固定。

⠇ 將小的三股編越過瀏海，繞到右邊耳後，以髮夾固定。

⠋ 從剛剛小的三股編分區後面，再取一束頭髮進行大的三股編。

⠚ 將完成的大三股編使用橡皮筋固定，放在小三股編上方。

⠓ 將後面頭髮撥到側邊，全部用髮圈綁起。

Styling Items
小黑夾、橡皮筋、鴨背夾、大腸圈

73

Hair： ■ Long ■ Medium □ Short
Level： □ Hard ■ Medium □ Easy
Time： 5min.

SATURDAY
土曜日

Half-length hair 中長髮

百搭丸子頭

下巴較尖或較短的三角型臉或菱形臉的人，想要平衡五官比例，可以藉由增加頭頂的豐厚度，拉長臉型的比例，讓臉跟頭髮的比重更加均衡，就可以達到修飾臉型的效果。

Step by step

1 將頭髮分成兩層，分別綁上、下馬尾。

2 先取上馬尾，將髮束分成兩等份，右髮束向外轉，左向下交叉。

3 重複雙股扭轉的動作後，在扭轉的地方拉出一點頭髮，進行抽絲的動作。

4 使用橡皮筋固定髮尾，另外下馬尾也是重複第二步驟到第三步驟。

5 將上與下辮子加在一起繞圈，再用髮圈綁起來固定即可。

Styling Items 橡皮筋、大腸圈

Hair：■ Long ■ Medium □ Short
Level：□ Hard ■ Medium □ Easy
Time：5min.

SUNDAY
日曜日

Half-length hair 中長髮

雙球冰淇淋

厭倦了單顆的丸子頭嗎?!想要擁有兩顆又大又圓的丸子頭嗎?!將髮型重點放在耳下二側，不僅可以分散視覺焦點，還有修飾臉型的作用呢！

Step by step

1 將頭髮分成左右二邊，並以橡皮筋綁好、固定。

2 將右邊頭髮進行三股編髮，編到髮尾後以橡皮筋固定

5 左邊也是重複剛剛的 1 ~ 4 的動作。

3 將三股編的頭髮拉鬆、進行抽絲。

4 將辮子捲成小包包、以髮夾固定即可。

Styling Items 橡皮筋、小黑夾

亮麗飄逸，長髮的優雅浪漫
一週造型

擁有一頭飄逸長髮是很多美眉和男友的願望，可是我們畢竟不是洗髮精廣告的模特兒，不是頭髮甩甩就可以閃閃動人的，今天就讓我們學會長髮女星們 "翻新" 髮型的妙招！

Hair：■ Long ■ Medium □ Short
Level：□ Hard ■ Medium □ Easy
Time：5min.

MONDAY
月曜日

Long hair 長髮

性感冷艷長馬尾

將一頭長髮全部束起，露出光潔的額頭，配上冷艷性感風格的妝容，
會讓整個人看上去既高貴又不失女人味。

Step by step

1 把全部頭髮綁成馬尾。

2 在平均分成兩等份，以雙股
編的方式互相交叉。

3 雙股編到底就完成了。

4 最後再進行抽絲、塑形。

Styling Items 橡皮筋、髮箍

Hair： Long Medium □ Short
Level： □ Hard □ Medium Easy
Time：2min.

TUESDAY
火曜日

Long hair 長髮

名媛風優雅包頭

誰說包頭很麻煩？簡單束起馬尾後，再將頭髮以三股編繞起，2分鐘就可以讓你優雅又端莊，而高聳的髮束不僅能拉長臉型，蓬鬆的頭讓你的臉蛋看起來更小巧。

Step by step

1. 將頭髮紮成一束馬尾。

2. 將馬尾的頭髮進行三股加編。

3. 將三股加編的辮子繞成一個包包，並在每一個繞圈處夾上髮夾固定。

POINT
如果覺得包頭不夠華麗，也可以搭配髮箍或是其他髮飾來增添不一樣的風采喔！

Styling Items 小黑夾、橡皮筋、髮箍

Hair：■ Long ■ Medium □ Short
Level：□ Hard ■ Medium □ Easy
Time：8min.

WEDNESDAY
水曜日

Long hair 長髮

公主風立體花苞

想嘗試不一樣的瀏海造型嗎？用立體感的花苞來取代瀏海，最能呈現出
年輕女孩俏皮可愛的感覺。

Step by step

1. 將頭髮瀏海區，分成三等分。

2. 以三股編加單邊方式，編至約眉尾高度。

3. 加編同時，可先將加編的辮子稍微拉鬆。

4. 加編至眉尾的高度後，將剩下的頭髮以三股編方式編至髮尾。

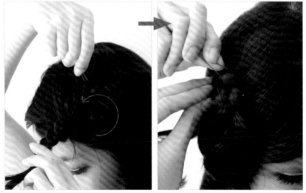

5. 將編好的辮子以逆時針方向繞成花朵，再以髮夾固定即可。

Styling Items 小黑夾、橡皮筋

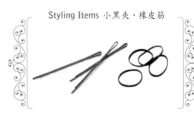

Hair：☑ Long ☑ Medium □ Short
Level：□ Hard ☑ Medium □ Easy
Time：10min.

THURSDAY
木曜日

Long hair 長髮

端莊淑女斜馬尾

利用三股加編的辮子搭配斜馬尾，讓女孩變身甜美的淑女，不管是上班
還是約會，都很適合這款端莊又不失浪漫的髮型。

Step by step

1 從左側瀏海區取一束
髮片，做三股加編。

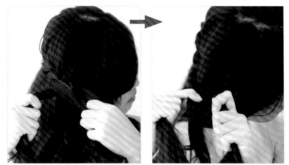

2 將三股加編的頭髮往右繞、持續加編髮束。

3 加編一圈至右側後，將剩下的頭髮以三股編的方式
編完。

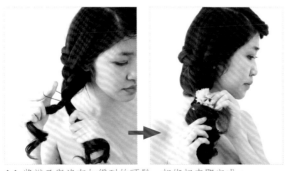

4 將辮子與沒有加編到的頭髮一起綁起來即完成。

Styling Items 橡皮筋、髮飾

Long hair 長髮

婉約風格雙花苞瀏海

個性的中分搭配清甜的雙花苞瀏海，不僅特別又可愛！最適合週五晚上的浪漫約會。

Step by step

1. 將頭髮中分兩成區。

2. 取左邊前面髮束，以三股編加編的方式編織至黃金點。

3. 黃金點之後的頭髮以三股編編至髮尾、同時將髮辮稍微拉鬆。

4. 將髮尾以順時針的方式繞至黃金點固定固定。

5. 右邊的頭髮以同樣的步驟完成。

6. 將髮尾以逆時針的方式繞至黃金點固定固。

Styling Items 小黑夾、橡皮筋

SATURDAY
土曜日

Long hair 長髮

華麗名媛側編花朵

以三股加編方式從前額頭髮開始編起，再將辮子固定在側編，馬上華麗
變身成優雅的名媛，保證妳是 Party 裡面最受矚目的那顆星。

Step by step

1 從左側瀏海區取一束髮片，做三股加編。

2 加編過程中可以適時的將髮辮稍微拉鬆，並
持續將髮束拉至左側加編。

3 加編成一條辮子後，以橡皮筋綁起，記得髮
尾可以不用拉出。

4 將加編的辮子以逆時針方式，往耳下繞成一
朵花，並以髮夾固定。

Styling Items 小黑夾、橡皮筋

POINT
以橡皮筋綁起的髮尾
不用拉出，可以避免
因髮尾不齊，將辮子
繞成花朵時無法藏好，
而收的不好看

Hair：■ Long ■ Medium □ Short
Level：□ Hard ■ Medium □ Easy
Time：8min.

SUNDAY
日曜日

Long hair 長髮

俏皮雙辮子

一樣利用三股加編的手法搭配出花朵般的辮子瀏海，讓雙辮子也能很不一樣！簡單塑造鄰家小女孩的俏皮風格。

Step by step

1 將頭髮均分成二束。

2 分出瀏海區的頭髮。

3 將瀏海區的頭髮進行三股正編。

4 三股編髮過程中，可以適時的將髮辮稍微拉鬆。

5 將編好的辮子以刮梳在髮尾的地方逆刮、再將辮子往上繞成一朵花，以髮夾固定。

6 將左邊的頭髮進行三股加編，加編至無髮束時，再將頭髮以三股辮編完，以橡皮筋固定。

7 將右邊的頭髮進行三股加編，加編至無髮束時，再將頭髮以三股辮編完，以橡皮筋固定。

Styling Items 小黑夾、橡皮筋、逆刮梳

Camera Face
超上鏡頭！
打造小顏髮型

PART

4

髮型除了時髦，最重要的還是要能修飾臉型！
自拍美少女們為了上鏡頭可以變小顏美女，總是拿著 45 度角拍攝，
其實只要透過不同整髮與髮飾搭配，
就能讓我們打造出最上鏡頭的小顏髮型呢！

Hair ★ Long ★ Medium ☆ Short
Level ☆ High ★ Middle ☆ Low
Time 8min.

和米妮一樣的卡哇依，既俏皮又顯眼。

小顏髮型

× 自拍滿分，不用45度
一樣是小顏美女

Step by step

1 將頭髮綁成一束高馬尾。

2 將綁好的頭髮以分成二束。

3 以食指及中指為彎曲蝴蝶結的支撐點。

4 髮束往內折後先以髮夾固定。

5 將另一束頭髮一樣往內折，做出蝴蝶結的弧度。

6 再以髮夾將髮束固定。

7 將二束頭髮的髮尾合併後往上繞。

8 將髮尾藏好，以髮夾固定在前方。

9 搭配可愛小髮飾即完成。

達人這樣說

這款髮型是把自己的長髮當作飾品一樣，為了維持蝴蝶結的形狀，建議要噴上定型噴霧喔！

★ STYLING ITEMS ★

小黑夾

髮飾

橡皮筋

小顏
髮型

✕

混搭柔美風，是最適合
約會的髮型

Hair ★ Long ★ Medium ☆ Short
Level ★ High ☆ Middle ☆ Low
Time 12min.

不管是正面還是側邊，
都相當優雅唯美。

Step by step

1. 先將耳前分一區,取出一束髮束進行三股編。

2. 一邊編三股辮、一邊將辮子抽絲。

3. 再將完成抽絲的三股辮以橡皮筋固定。

4. 將髮帶放入想擺放的位置。

5. 將頭頂的頭髮取出二束。

6. 使用兩股加編的方式,進行後頭部的編髮。

7. 兩股加編持續編至約耳後的位置。

8. 編到耳下區域時先將剛剛編的辮子加入,再將髮帶一起編入。

9 持續將髮頭與髮帶進行加編，編至髮尾。

10 最後把髮帶當髮圈使用，綁成一個蝴蝶結。

★ STYLING ITEMS ★

髮飾

小黑夾

橡皮筋

達人
這樣說

步驟八的編髮中，有順著流向加入辮子，若辮子沒有綁緊，可以使用髮夾加強固定；如果不太會打蝴蝶結，容易在後腦勺弄出突出一塊，可以試著把結打在側邊耳際，讓寬版髮帶成為髮飾的一部份哦！

包頭也可以很時尚，不再是屬於阿嬤的正字標記了。

小顏
髮型

×

復古簡單包頭，
怎樣都能很有型

Step by step

1. 在後頭部綁上低馬尾。

2. 再把馬尾分成三等分。

3. 將馬尾以三股編成辮子。

4. 編好後再以橡皮筋固定。

5. 將辮子稍微尾拉鬆、抽絲。

6. 將辮子往上繞一圈，再以髮夾固定即可。

達人
這樣說

輕鬆的運用馬尾三股編，就能讓造型簡單又有型，加上保留大量的前額瀏海，更能修飾兩側臉頰的弧度。

★ STYLING ITEMS ★

橡皮筋

小黑夾

天氣這麼熱，把頭髮編成辮子就涼爽多了。

小顏
髮型

夏日的清爽辮子，
再也不怕大太陽

Step by step

達人
這樣說

這款髮型是三股辮方式，將辮
子一路從瀏海編到髮尾，不但
可以修飾前額，而且不論妳在
戶外怎麼活動，髮型也不會亂
掉，最適合炎熱的夏天。

★ *STYLING ITEMS* ★

橡皮筋

1 從左側瀏海區取一束髮片，做三股加編。

2 將髮辮稍微拉鬆，並持續將髮束拉至左
側加編。

3 加編成一條辮子後，以橡皮筋綁起，記
得髮尾可以不用拉出。

和他約會時，用甜蜜的笑容融化他的心吧！

小顏
髮型

×

清純感低馬尾，第一次約會的最佳選擇

Step by step

1 選擇一邊，把全部頭髮綁成側低馬尾。

2 將頭頂稍微拉鬆抓蓬，讓頭型更立體。

3 用電棒將髮束稍微夾出弧度。

4 再抓一小束頭髮，在橡皮筋處纏繞成髮束。

5 將纏繞好的髮束以髮夾固定、夾緊。

達人
這樣說

不管是方臉還是圓臉，這款髮型適合任何女生，額前及兩側可留下少許自然散落下來的髮絲，搭配髮箍清新感倍增，教人不喜歡也難。

★ *STYLING ITEMS* ★

橡皮筋

髮箍

小黑夾

電棒

貓女郎就是要性感又可愛啊！

Hair ★ Long ★ Medium ☆ Short
Level ☆ High ★ Middle ☆ Low
Time 10min.

小顏髮型 × # 喵 !!! 俏皮貓耳朵

Step by step

1 分出瀏海區的頭髮。

2 將瀏海稍微往內轉，再以髮夾固定，創造出立體度。

3 將上半區頭髮分成左右二邊。

4 先取右半邊單股扭轉後往上推，再用黑色髮夾固定，做出蓬鬆的立體感。

5 取左邊的髮束，一樣單股扭轉後往上推，再用黑色髮夾固定。

6 在二個貓耳中間夾上蝴蝶結髮飾。

達人
這樣說

其實貓耳朵髮型在日本雜誌十分流行，只要透過簡單的扭轉手法，就能讓頭頂較為立體、蓬鬆，讓臉部線條看起來更小巧可愛。

★ STYLING ITEMS ★

小黑夾

髮飾

橡皮筋

Hair ★ Long ★ Medium ☆ Short
Level ★ High ☆ Middle ☆ Low
Time 15min.

這款髮型在任何場合
都很得體合宜。

小顏
髮型

×

華麗古典風，下班直接
就去 *PARTY* 吧

Step by step

1 取出頭頂區的髮束。

3 往左邊開始編製成三股加編。

4 三股加編至眉尾處後，開始以三股辮收編。

5 將辮子拉鬆，製造出柔美的線條。

6 將辮子以逆時針的方向往上繞。

2 平均分成三等份。

7 繞成一圈花朵後，以髮夾固定。

8 將剩下的頭髮往右邊收攏，綁成低馬尾。

達人
這樣說

不管是中長髮還是長髮，綁上斜邊辮子就能修飾寬額頭，在髮尾加些捲度更可以拉長下巴、平衡臉型比例，讓妳變身小臉美女。

★ STYLING ITEMS ★

小黑夾

橡皮筋

109

戀愛魔鏡！
請給我招來
好桃花的髮型

PART

5

想要優雅、俏皮、可愛…多種不同樣貌，
只需要利用各式各樣的髮飾與髮夾，
加上最常見的公主頭、馬尾頭、丸子頭，
簡單的編髮就能夠創造華麗又充滿個性的多變造型。

公主頭

公主頭源自於西歐童話故事中公主的形象，基本上是中長髮的髮型，前方額前剪出瀏海，部分頭髮向後收束或綁辮，其餘部分自然放下，演變到現在，公主頭也可以有很多不一樣的造型與風情。

Hair ☆ Long ★ Medium ★ Short
Level ☆ High ☆ Middle ★ Low
Time 3min.

甜美公主頭 HALF-UP

瀏海後方的頭頂區，在兩側抓取適量的髮束綁出二股短的麻花辮，讓髮型帶點俏麗可愛的感覺。

Step by step

先編完左右兩邊的三股編。

把將二邊的辮子收到後面並固定。

★ STYLING ITEMS ★

小黑夾

髮飾

橡皮筋

★ STYLING ITEMS ★

小黑夾

橡皮筋

電棒

玉米鬚夾

Hair ★ Long ★ Medium ☆ Short
Level ★ High ☆ Middle ☆ Low
Time 5min.

華麗公主頭 HALF-UP

只要利用簡單的三股編和纏繞技巧，就能讓公主頭看起來優雅又華麗。

Step by step

1 整頭以電棒夾捲，頭頂以玉米鬚夾澎。

2 從左邊耳後拉出一束頭髮，做成三股加編。

3 持續以三股加編的方式加編到右邊，並在右側耳上隨意拉出一束頭髮，將三股編與拉出的頭髮結合在一起，繼續往下編成三股編。

4 將編好的三股編拉鬆，以橡皮筋固定。

5 固定後若辮子不夠鬆，可再稍微抽絲調整。

6 將辮子往上拉，以順時針或逆時針繞出一朵花，再用髮夾固定、成形。

Hair ★ Long ★ Medium ☆ Short
Level ☆ High ★ Middle ☆ Low
Time 5min.

★ STYLING ITEMS ★

小黑夾 　電棒

橡皮筋

花苞公主頭 HALF-UP

溫婉嫻靜的美女很適合扎這樣的公主頭，花苞般的三股編會令整體髮型看上去更加優雅精緻。

Step by step

1 將頭髮分成上下二部分，上半部在頭後綁成公主頭。

2 將公主頭的髮束分成二束，先將第一束進行三股編。

3 編好後先將髮辮拉鬆，再以橡皮筋固定。

4 將拉鬆的辮子往橡皮筋的位置繞成一朵花，並以髮夾固定。

5 第二束頭髮一樣進行三股編。

6 編好後先將髮辮拉鬆，再以橡皮筋固定。

7 將拉鬆的辮子往橡第一朵花的外圍繼續圍繞，並以髮夾固定。

8 將剩下的頭髮以電棒夾捲。

POINT

如果髮量太多，可以將原本分成二束的公主頭髮束，改分成三束，以免做出來的花朵太大喔。

包包頭

包包頭發展原由是中國古代的髮髻，髻是指束在頭頂的髮結。後來漸漸也流行起日式包包頭和盤髮，包包頭有單包和雙包，女孩子梳起中高度的包包頭顯得年輕有朝氣。

Hair ★ Long ★ Medium ☆ Short
Level ★ High ☆ Middle ☆ Low
Time 8min.

典雅新娘盤髮 BUN HAIR

以三股編搭配環繞技巧，簡單呈現優雅又淑女的感覺。
新娘的髮型也常以此髮型去變化，加上裝飾和白蕾絲就
很典雅浪漫了。

Step by step

1 將頭髮分成三區。

2 分別編出三條三股辮。

3 將中間的辮子往上繞成一個圈、再以髮夾固定。

4 將左邊的辮子以逆時針的方向，繞在第一條圓圈的外圍，再以髮夾固定。

5 將右邊的辮子以順時針的方向，繞在第二條辮子圓圈的外圍，再以髮夾固定。

★ STYLING ITEMS ★

小黑夾

橡皮筋

Hair ★ Long ★ Medium ☆ Short
Level ☆ High ☆ Middle ★ Low
Time 5 min.

側編簡單包頭 BUN HAIR

誰說包頭都很復古與單調？輕鬆的馬尾三股編，讓妳的造型簡單又有型。

Step by step

1 先在右下方或左下方綁上低馬尾。

2 再把馬尾，編成三股編。

3 將馬尾拉鬆、抽絲。

4 微調好形狀後，再以橡皮筋固定。

5 將辮子往上拉。

6 髮尾放在馬尾橡皮筋的下面，辮子則是蓋住橡皮筋。

7 再以髮夾固定即可。

★ STYLING ITEMS ★

小黑夾　　　橡皮筋

★ STYLING ITEMS ★

小黑夾

髮飾

橡皮筋

側編盤編式包頭 BUN HAIR

運用辮子和扭轉的技巧，讓你全身散發優雅又可愛
的氣息！

Step by step

1 先選一邊，挑出一束
　約 5 公分的髮束。

2 髮束以三股加雙編方式編髮。

3 加編到無髮束時，改以三股編繼續編到髮尾。

4 將剩下的頭髮綁成
　馬尾。

5 再將馬尾編成第二條
　較粗的三股辮。

6 將第二條三股辮拉
　鬆、抽絲。

7 將第二條髮辮往上繞
　成一球丸子。

8 再把加編第一條三股
　編纏上，蓋住橡皮
　筋、以髮夾固定。

馬尾

髮型時尚返樸歸真，一款漂亮馬尾辮是扮靚的不二選擇。如果妳厭倦了披肩長髮的厚重淩亂感，不妨梳個清爽利落的馬尾，無論是捲髮馬尾還是直髮馬尾，清秀的低馬尾抑或是活潑高馬尾，都能讓你以最清新的造型迎接那一年的盛夏。

Hair　★ Long ★ Medium ☆ Short
Level ☆ High ★ Middle ☆ Low
Time　5min.

優雅側馬尾 PONYTAIL

不對稱的髮型是提升女人味的關鍵，利用單邊的三股加編髮的造型，也很適合出席宴會或是正式場合。

Step by step

★ STYLING ITEMS ★

小黑夾　髮飾
橡皮筋

1 先選一邊，取出一束頭髮。

2 將髮束以三股編方式編髮。

3 編成辮子後，再以橡皮筋固定。

4 可以將剩下的頭髮撥到一側，以髮夾或髮飾固定，加強不對稱的造型感。

Hair ★ Long ★ Medium ☆ Short
Level ★ High ☆ Middle ☆ Low
Time 5min.

POINT

選擇香蕉夾記得
要注意牙齒的密
度、硬度與品質，
不然髮型會無法
精準固定，若一
直溜下來真的會
很糗。

女人味斜馬尾 PONYTAIL

將捲髮斜扎個馬尾，既顯風情又能修飾臉型。

Step by step

1. 右側預留一點頭髮，在左側取一束約5公分髮束，進行三股加編。

2. 加編至右側後，以橡皮筋將髮辮固定。

3. 將預留的右側頭髮放下，以電棒夾捲。

4. 以香蕉夾將夾捲的頭髮與辮子結合、固定。

5. 最後將髮尾拉鬆，調整捲度即可。

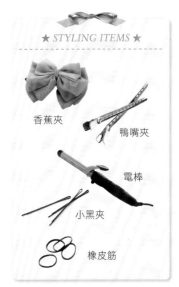

★ STYLING ITEMS ★

香蕉夾

鴨嘴夾

電棒

小黑夾

橡皮筋

Hair ★ Long ★ Medium ☆ Short
Level ★ High ☆ Middle ☆ Low
Time 5min.

熟女低髮辮 PONYTAIL

三股加編的低髮辮式馬尾，會讓人看起來既高貴又不失嫵媚。

Step by step

1 取出頭頂區的髮束。

2 平均分成三等份，編製成三股加編。

3 選擇一側，編織到後腦。

4 編至髮際線時，直接綁成一束馬尾。

★ STYLING ITEMS ★

橡皮筋

Hair ★ Long ★ Medium ☆ Short
Level ☆ High ☆ Middle ★ Low
Time 5min.

清爽高馬尾 PONYTAIL

這款馬尾辮的層次感很突出，如果妳的頭髮不夠長，且沒有層次感，妳可以將馬尾扎起，然後找髮型師給妳打點層次，這會令原本平凡的小髮辮看上去更富立體感。

Step by step

1 將全部的頭髮綁成高馬尾。

2 抓出馬尾中的一小束頭髮。

3 將髮束往上拉，在橡皮筋處纏繞成髮束。

4 將纏繞好的髮束以髮夾固定、夾緊，加上髮箍即可。

★ STYLING ITEMS ★

小黑夾　　髮箍

橡皮筋

卡哇伊俏馬尾 PONYTAIL

如果妳厭倦了原本蓬亂厚重的捲髮，那就將它們全都扎起來吧！中高馬尾加上側面三股辮，讓妳看上去倍增嬌俏感。

Step by step

★ STYLING ITEMS ★

小黑夾

橡皮筋

1. 由頭頂拉出一束頭髮進行三股編，完成辮子後綁上橡皮筋固定。

2. 再從左側及右側分別拉出一束頭髮，完成三股編。

3. 留下中間的髮辮，將左邊及右邊的髮辮，連同剩下的頭髮綁成馬尾。

4. 再將中間的髮辮，往下繞成圓圈，遮住馬尾的橡皮筋。

5. 將髮辮以髮夾固定即可。

國家圖書館出版品預行編目（CIP）資料

玩髮 47 變 / 王曉芬著 . -- 第一版 . -- 臺
北市：腳丫文化 , 民 102.08
　　面；　　公分 . -- (腳丫文化；K071)
ISBN 978-986-7637-81-9(平裝)
1. 髮型
425.5　　　　　　　　　　102012120

腳丫文化 K071　**玩髮 47 變**

著作人	王曉芬
企劃編輯	黃佳燕
內頁美術編輯	陳　臻
模特兒	王姿晴、李珈慧、林禹辰、鍾宜芝、陳郁其、鄧慧欣、陳翌方、許馥婷、 黃麟雅、黃筠捷、李宛霖、何紫妍（我是娛樂）
髮型助理	鍾宜芝、李宛霖、陳郁其、黃麟雅
出版	腳丫文化出版事業有限公司

總社・編輯部

社址	10485 台北市建國北路二段 66 號 11 樓之一
電話	(02)2517-6688
傳真	(02)2515-3368
E-mail	cosmax.pub@msa.hinet.net

業務部

地址	24158 新北市三重區光復路一段 61 巷 27 號 11 樓 A
電話	(02)2278-3158・2278-2563
傳真	(02)2278-3168
E-mail	cosmax27@ms76.hinet.net
郵撥帳號	19768287 腳丫文化出版事業有限公司

國內總經銷	千富圖書有限公司 (千淞・建中) (02)2900-7288
新加坡總代理	Novum Organum Publishing House Pte Ltd
TEL	65-6462-6141
馬來西亞總代理	Novum Organum Publishing House(M)Sdn. Bhd.
TEL	603-9179-6333
印刷所	通南彩色印刷有限公司
法律顧問	鄭玉燦律師

定價	新台幣 300 元
發行日	2013 年 9 月　第一版　第 1 刷

缺頁或裝訂錯誤請寄回本社〈業務部〉更換。
本著作所有文字、圖片、影音、圖形等均受智慧財產權保障，未經本社同意，請勿
擅自取用，不論部份或全部重製、仿製或其他方式加以侵害，均屬侵權。

文經社與腳丫文化共同網址：**www.cosmax.com.tw**
　　　　　　　　　　　　　www.facebook.com.cosmax.co
或博客來網路書店搜尋腳丫文化。
Printed in Taiwan

air
Hair Salon 分店全省資訊

店名	地　址	電話
Air 台大	台北市羅斯福路三段 257 號 1 樓	02-2362-6689
Air Green House	台北市士林區忠誠路二段 178 巷 1 號	(02)2877-2721
Air Still Hair	台北市士林區忠誠路二段 54 號 1 樓	(02)2831-3062
Air New	台北市武昌街二段 3 號 2.3 樓	(02)2311-8353
Air-C1-I 館	新北市板橋區明陽街 25 巷 1 號 1 樓	(02)2259-0354
Air-C1-II 館	新北市新莊區中平路 285 號	(02)8993-6862
Air-C1-III 館	新北市板橋區文化路一段 300 號 1 樓	(02)2256-7007
Air-C1-IV 館	新北市新莊區幸福路 598 號	(02)8993-7001
Air-C1-V 館	新北市板橋區文化路一段 421 巷 10 號 1 樓	(02)2253-9488
Air 凱悦	台中市太平路 48 號 1 樓	(04)2223-1336
Air 精武	台中市太平路 63 巷 1 號 2 樓	(04)2223-7997
Air 中興	台中市大里區中興路二段 443 號	(04)2486-0697
Air vivi	高雄市鳳山區青年二路 429 號 1 樓	(07)777-5117
Air Villa	高雄市左營區富國路 141 號	(07)556-2999
Air Vito	高雄市鼓山區華榮路 211 號	(07)522-3555
Air vita	高雄市三民區鼎山街 225 號	(07)397-7399
Air 東寧	台南市東區東寧路 205 號	(06)275-1616
Air AV	高雄市新興區中山一路 291 號	(07)287-7788
Air 鼎山	高雄市三民區鼎山街 584 號	(07)398-3322

■分店資訊僅供參考，詳細資訊請上網查詢。

Make Your Daily Life in Beauty AIR FLASH

Hair Salon

www.air-hair.com.tw

C1 I　館 新北市板橋區陽明街25巷1號1樓　　預約專線 : (02) 2259 - 0354
C1 II　館 新北市新莊區中平路285號　　　　預約專線 : (02) 8993 - 6862
C1 III　館 新北市板橋區文化路一段300號　　預約專線 : (02) 2256 - 7007
C1 IV　館 新北市新莊區幸福路598號　　　　預約專線 : (02) 8993 - 7001
C1 V　館 新北市板橋區文化路一段421巷10號　預約專線 : (02) 2253 - 9488

（本公司採預約優先制）

f　Air美髮森林

air Hair Salon

憑此截角至各館消費
燙髮或染髮
現折 NT$500

使用期限：2013/09/01~2014/08/31止
（本公司採預約優先制）

air Hair Salon

憑此截角至各館消費
剪髮
現折 NT$100

使用期限：2013/09/01~2014/08/31止
（本公司採預約優先制）

air Hair Salon

「空氣玩髮‧時尚對流」

自由自在‧明亮自然‧新鮮創新‧千變萬化‧無限可能…讓創意不拘束於框框中，讓美散播於空氣中。

[空氣]為人之生存命脈，美麗！而亮麗的造型，則能提昇人的生活品質，讓生活的節奏更加飽滿明亮。髮絲如空氣般，擁有自然玩要般的爽朗線條，讓時尚和生活對流，產生身心靈自然健康。

Unique
fashion 訂

製

時

尚

PROFESSIONAL
HAPPYHAIR

0800-062-888

www.happyhair.com.tw

最精緻的沙龍品牌

即日起持本券至
全台 **HAPPY**HAIR 消費
燙 or 染
原價
折抵
NT**$500**
使用期限：2013/09/01-2014/08/31止
使用本優惠券係事先預約，恕不得與其他優惠並用，並不得指
定設計師。本公司保有修改本活動之權利，詳情洽查網
www.happyhair.com.tw

即日起持本券至
全台 **HAPPY**HAIR 消費
洗＋剪
原價
折抵
NT**$100**
使用期限：2013/09/01-2014/08/31止
使用本優惠券係事先預約，恕不得與其他優惠並用，並不得指
定設計師。本公司保有修改本活動之權利，詳情洽查網
www.happyhair.com.tw

PROFESSIONAL
HAPPYHAIR

GENIC

PROFESSIONAL HAPPYHAIR 快樂髮型 分店資訊

店名	電話	地址
松山	2760-1263	台北市松山路 283 號 1 樓
南京	2719-3310	台北市松山區南京東路四段 103 號 2 樓
育德	2578-3260	台北市八德路三段 156 號 2 樓
憶璇	2242-5559	新北市中和區中和路 27 號 1.2 樓
麗山	2242-3710	新北市中和區中和路 250 號之 1(1.2 樓)
伊通	2507-7904	北市伊通街 102 號 2 樓
民生	2763-2811	北市民生東路五段 138 巷 3 號 2 樓之 2
松江	2505-8589	北市松江路 307 號 2 樓
埔墘	2962-6007	新北市板橋區中山路二段 216 號 1 樓
文華	2719-7768	台北市興華街 151 號
樹林	2687-2237	新北市樹林區保安街一段 3 號 2 樓
長安	2288-7622	新北市蘆洲區中華街 69 號 1 樓
長榮	8283-6110	新北市蘆洲區長榮路 460 號
總店	2546-3116	北市民權東路三段 106 巷 15 弄 4 號 1.2 樓
西華	2713-6188	北市民權東路三段 106 巷 21 弄 3 號 1 號 1 樓
中興	2692-1618	新北市汐止區中興路 167 號
中正	2969-2676	新北市板橋區中正路 235 號 1.2 樓
北投	2894-6281	台北市新市街 69 號 2 樓
天母	2872-8273	台北市天母北路 12 號 2 樓
東湖	2631-5736	台北市東湖路 41 號 2.3 樓
府中	2967-1311	新北市板橋區府中路 64 號 1.B1 樓
正義	2983-5675	新北市三重區正義北路 354 號 1.2 樓
得和	2924-5259	新北市永和區得和路 379 號 1.2 樓
木柵	2937-8697	台北市木柵路三段 114 號 1.2 樓
新莊	8993-5522	新北市新莊區幸福路 539 號 1 樓
藝都	2505-9679	北市遼寧街 156 號 2 樓
永吉	2764-0239	北市永吉路 30 巷 85 號 1.2 樓
市府	8789-6690-91	台北市信義區逸仙路 42 巷 27 號
景安	2245-1668	新北市中和區復興路 81 號 1.2 樓
信義	2351-3098	台北市信義路二段 36 號 1.2 樓
西湖	2627-7699	台北市內湖路一段 285 巷 15 號 2 樓

店名	電話	地址
大直	2532-3591	台北市北安路 578 巷 2 號 1.2 樓
明水	8509-3813	台北市明水路 575 號 B1
忠孝	2721-2009	台北市忠孝東路四段 181 巷 35 弄 1 號 B1
Let's hair	2314-5353	台北市中華路一段 104 號 4 樓
光復店	2775-5183	台北市大安區光復南路 200 巷 34 號
玉山	2773-1726	新北市土城區延和路 189 號 1~2 樓
裕民	2274-4211	新北市土城區裕民路 78 號 1.2 樓
站前	2963-5616	新北市板橋區館前東路 37-1 號 1.2 樓
泰山	2297-5451	新北市泰山區明志路一段 233 號 1 樓
宜蘭	(03)935-6774	宜蘭市神農路一段 28 號
興祥	(04)2337-8310	台中市烏日區中山路一段 413 號 2 樓
工學	(04)2260-0230	台中市南區美村南路 111 號 1 樓
市政	(04)22512868	台中市南屯區公益路 398 號
學士	(04)2207-0222	台中市西區民權路 445 號 1.B1 樓
北平	(04)2292-5712	台中市北區北平路二段 71 號 1.2 樓
禾昌	(04)2275-3838	台中市太平區宜昌路 568 號
豐原	(04)2515-3955	台中市豐原區和平街 17 號 1.2 樓
豐原 2	(04)2520-6677	台中市豐原區中正路 24 號 1~2 樓
向上	(04)2310-3365	台中市向上路一段 406 號 1.2 樓
麗緻	(04)2320-3508	台中市精誠路 92 號 1 樓
精誠	(04)2310-6728	台中市精誠路 94 號 1.2 樓
大業	(04)2328-8621	台中市大業路 244 號 1 號
美術館	(04)2376-1381	台中市西區五權一街 33 號
鳳玲	(08)832-7705	屏東縣東港鎮延平路 118 號 1.2 樓
陽明	(07)3803677	高雄市三民區陽明路 58 巷 1 號
屏東	(08)733-3318	屏東市福建路 67 號 1.2 樓
嘉義	(05)222-4009	嘉義市中山路 477 號 1 樓
興業	(05)284-4168	嘉義市興業西路 292 號
五福	(07)222-2828	高雄市新興區五福一路 118 號 1.2 樓

■ 分店資訊僅供參考，詳細資訊請上網查詢。